Bibliografische Information der Deutschen Nationalbibliothek:

Die Deutsche Bibliothek verzeichnet diese Publikation in der Deutschen National-
bibliografie; detaillierte bibliografische Daten sind im Internet über http://dnb.d-
nb.de/ abrufbar.

Impressum:

Copyright © 2017 GRIN Verlag
Druck und Bindung: Books on Demand GmbH, Norderstedt Germany
ISBN: 9783668693937

Dieses Buch bei GRIN:

https://www.grin.com/document/423988

Andreas Stadler

Perspektiven und Strukturen eines nachhaltigen Tourismus im Mediterranraum am Beispiel von Mallorca

GRIN Verlag

Proseminar Mediterranraum

Wintersemester 2016/2017

Perspektiven und Strukturen eines nachhaltigen Tourismus im Mediterranraum am Beispiel von Mallorca

Inhaltsverzeichnis

Abbildungsverzeichnis

Tabellenverzeichnis

1 Einleitung

Mallorca ist die größte Insel der Balearen, die als autonome Region zu Spanien gehören. Die ganze Insel hat eine Einwohnerschaft von 880.000 Menschen, von denen 400.000 Einwohner in der Hauptstadt Palma de Mallorca leben. Seit vielen Jahren ist die Insel ein Synonym für den Massentourismus. In den Sommermonaten kommen bis zu 1,6 Millionen Touristen nach Mallorca, wodurch die Bewohner und die Infrastruktur der Insel plötzlich mit dem dreifachen der Einwohnerzahl fertig werden müssen. [1]

Aufgrund dieser kurzen Beschreibung scheint es wenig wahrscheinlich zu sein, dass nachhaltiger Tourismus eine große Rolle auf Mallorca spielt. Dennoch zeigt gerade die Verwaltung der Baleareninsel den Willen, dies zu ändern. Seit dem 1. Juli 2016 zahlen Touristen eine Steuer in Höhe von circa 2 € pro Person und Nacht, welche die Förderung von nachhaltigem Tourismusprojekten zu Gute kommen soll. [2]

Daher liegt das Forschungsinteresse dieser Arbeit darin, Beispiele für nachhaltigen Tourismus auf Mallorca zu finden und deren Wirksamkeit zu analysieren. Daher wird im ersten Kapitel dieser Arbeit kurz Mallorca als Destination für Massentourismus vorgestellt. Anschließend werden drei Beispiele aufgeführt und analysiert, die nachhaltigen Tourismus auf der beliebtesten Ferieninsel der Deutschen etablieren sollen. Eine abschließende Bewertung der Analyse und ein Ausblick auf zukünftige Entwicklungen schließen die Arbeit ab.

2 Mallorca und der Tourismus

Anfang der 1960er Jahre entschloss sich der spanische Diktator Franco, die Wirtschaft auf den bitterarmen Baleareninsel durch Tourismus anzukurbeln. Er ließ einen großen Flughafen auf der Insel bauen und öffnete sie damit für den Massentourismus. Seither sind die Besucherzahlen stetig gestiegen. Gleichermaßen haben sich viele Prominente und weniger prominente Menschen dort einen Zweitwohnsitz zugelegt. Die Gründe dafür liegen auf der Hand: "Wenig Kriminalität, ausgebaute Straßen, gute Flugverbindung, hervorragende Restaurants und Golfplätze, viele deutsche Ärzte, keine Sprachprobleme".[3]

Während die Insel in den Sommermonaten überlaufen ist, sind die Wintermonate eher ruhig, was die folgende Grafik zeigt. Aus ihr ist auch zu entnehmen, dass zwar eine gewisse Zahl

---

[1] Institut d'Estadística de les Illes Balears, 2015

[2] http://www.spiegel.de/reise/aktuell/mallorca-touristensteuer-ist-in-kraft-getreten-a-1100872.html

[3] http://www.planet-wissen.de/kultur/suedeuropa/tourismus_auf_mallorca/index.html

Spanier Urlaub auf Mallorca macht, die überwiegende Zahl der Urlauber aber aus anderen Ländern kommen.

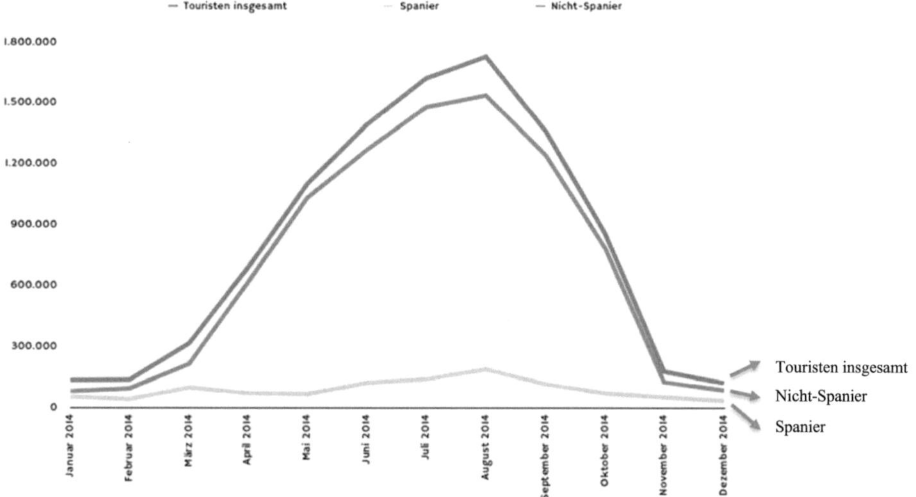

Abb. 1:   Urlauber auf Mallorca 2014 [4]

Von den ausländischen Besuchern stellen die Deutschen den größten Anteil, gefolgt von den Briten. Zusammen stellen diese beiden Gruppen mehr als zwei Drittel der nicht-spanischen Besucher.

---

[4] https://www.caib.es/ibestat/estadistiques/043d7774-cd6c-4363-929a-703aaa0cb9e0/ef88f7cf-8e0b-44e0-b897-85c2f85775ec/ca/I208002_3001.px

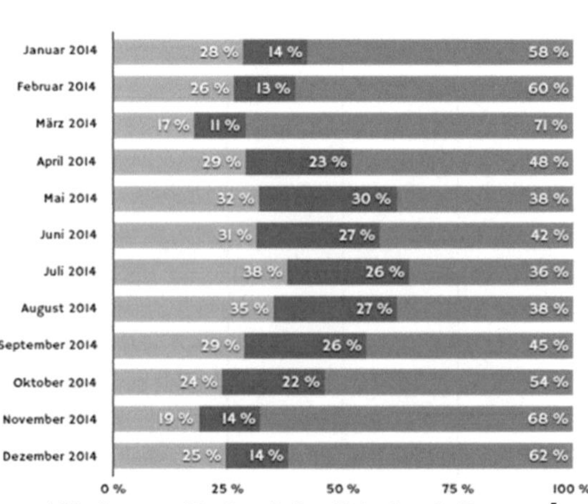

Abb. 2: **Herkunft der Urlauber in Prozent** [5]

3 Projekte im nachhaltigen Tourismus

3.1 Die Touristen-Steuer

Nicht zum ersten Mal wird auf Mallorca seit Juli 2016 eine Ökosteuer erhoben, die ausschließlich von Urlaubern und Kreuzfahrt-Passagieren zu zahlen ist. Schon von 2001 bis 2003 hatte es so eine Steuer gegeben, aber diese war aufgrund des Drucks der Hotellobby wieder abgeschafft worden.[6] Die Frage ist nun, ob diese Steuer wirksam sein kann.

Dabei sind folgende Abgaben zu entrichten:

Hotels und Apartments ****+ - *****	2,00 €
Hotels und Apartments ***+ - ****	1,50 €
Hotels und Apartments * - ***	1,00 €
Ferienvermietung (Fincas, Apartments, Häuser) und andere touristische Unterkünfte	1,00 €
Landhotels, Agroturismos und Gasthöfe	1,00 €

---

[5] https://www.caib.es/ibestat/estadistiques/043d7774-cd6c-4363-929a-703aaa0cb9e0/ef88f7cf-8e0b-44e0-b897-85c2f85775ec/ca/I208002_3001.px

[6] http://www.mallorcazeitung.es/lokales/2016/06/20/touristensteuer-mallorca-zehn-fragen-zehn/43950.html

Pensionen, Gasthäuser und Campingplätze, Herbergen und Berghütten	0,50 €
Touristische Kreuzfahrtschiffe	1,00 €

Tab. 1:   **Kostentabelle**[7]

Diese Werte sind nicht besonders hoch, besonders dann nicht, wenn man sie mit Deutschland vergleicht. Die sogenannte Kurtaxe, die in vielen Erholungsorten geltend gemacht wird, erfüllt den gleichen Zweck, ist aber oft höher. "Juist, Borkum und Langeoog sowie Baden-Baden (Baden-Württemberg) und Bad Kissingen (Bayern) [...] verlangen die höchsten Kurtaxen. Erwachsene müssen hier pro Tag 3,50 Euro zahlen", berichtet unter anderem der Spiegel.[8] Betrachtet man die Anzahl der Touristen, deren durchschnittliche Verweildauer und die zu entrichtende Steuer, dann ergibt sich folgendes Bild:

Unterkunft	Anzahl Touristen	Steuern in Euro	Aufenthalt In Tagen	Summe in €
Kreuzfahrtschiff	3850000	1	1	3.850.000 €
Gute und sehr gute Hotels	6732608	2	8,3	111.761.293 €
Gute Hotels	548425	1,5	8,3	6.827.891 €
Einfache Hotels	1291965	1	8,3	10.723.310 €
Familienunterkünfte	742763	1	8,3	6.164.933 €
Andere	334669	0,5	8,3	1.388.876 €
SUMME				140.716.303 €

Tab. 2:   **Einnahmen aus Tourismus-Steuer** [9]

Über die Verwendung der Mittel entscheidet ein Gremium, das vorwiegend aus Vertreter der zuständigen Ministerien vom Festland und aus Kommunal- und Wirtschaftsvertretern zusammengesetzt ist. Wichtig ist hierbei, dass ganz offensichtlich darauf verzichtet wurde, Vertreter des Gastronomie- und Hotelgewerbes einzuladen, sofern diese nicht durch die Unternehmerverbände vertreten werden. Damit ist die starke Einflussnahme aus den Jahren 2001 bis 2003 dieser Branche zumindest gemildert.

---

[7] http://www.sustainableislands.travel/sites/impostturisme/de/kostentabelle_/

[8] http://www.spiegel.de/reise/aktuell/mallorca-touristensteuer-ist-in-kraft-getreten-a-1100872.html

[9] https://www.caib.es/ibestat/estadistiques/043d7774-cd6c-4363-929a-703aaa0cb9e0/6b221d3e-ffbc-4727-a0f9-78d0d700c46e/ca/I208002_3002.px; http://www.sueddeutsche.de/reise/mallorca-ueberfuellungsgefuehl-1.2569494; http://www.sustainableislands.travel/sites/impostturisme/ de/kostentabelle_/

Abb. 3:　　　**Zusammensetzung der Kommission** [10]

Der Verwendung der Steuer ist eine eigene Webseite gewidmet, die auch auf Deutsch verfügbar ist. Zwei Zitate sind dabei interessant. Dort heißt es zum einen: "Projekte zur Förderung eines Nachhaltigen Tourismus und der Verlängerung der Saison können mit Hilfe der Steuereinnahmen finanziert werden - wenn mehr Besucher im Herbst, Winter und Frühling kommen, können wir mehr Arbeitsplätze schaffen. Um das zu erreichen, können beispielsweise Rad- und Wanderwege geschaffen oder in Stand gesetzt oder besser ausgeschildert werden." [11]

Zum anderen werden die derzeitigen Projekte gelistet, die allesamt so neu sind wie die Steuer selbst: "1. Schutz, Erhalt und Wiederherstellung von Umwelt und Meer; Investitionen in [...] bestehende Naturparks [...], Wiederaufnahme landwirtschaftlicher Nutzung auf öffentlichen Landgütern (zum Erhalt der typischen Kulturlandschaft); Küstenreinigung [...]; Installation von Ladestationen für Elektrofahrzeuge. 2. Qualitative Verbesserung des touristischen Angebotes und der touristischen Infrastrukturen: Umrüstung [...] auf Selbstversorgung mit erneuerbaren Energien [...], Verbesserungen/Modernisierungen in den Bereichen Wasserversorgung und Abwasserentsorgung; [...] Verbesserung von Rad- und Wanderwegen."[12]

Daraus lässt sich entnehmen, dass die Mittel dazu eingesetzt werden sollen, um die Anzahl der ankommenden Touristen besser über das Jahr zu verteilen. Dies bedeutet, dass weniger Badegäste und mehr Wanderurlauber auf die Insel gelockt werden sollen. Es ist anzunehmen, dass das letztere Klientel Bezieher höherer Einkommen sind, was auch das

---

[10] http://www.illessostenibles.travel/sites/impostturisme/de/wer_wahlt_die_projekte_aus/

[11] http://www.sustainableislands.travel/sites/impostturisme/de/nachhaltiger_tourismus_/

[12] http://www.sustainableislands.travel/sites/impostturisme/de/nachhaltiger_tourismus_/

Bundesministerium für Wirtschaft feststellt: "Die regelmäßig und gelegentlich wandernden Personen [verfügen] über ein deutlich höheres Einkommen, als es bei den selteneren und vor allem den nie wandernden Personen der Fall ist. Jeweils ca. 23% der regelmäßig und gelegentlich wandernden Personen verfügen über ein Haushaltsnettoeinkommen von über 3.000 € pro Monat." [13]

Bislang ist diese Gruppe auf Mallorca eher selten vertreten; die Webseite "Mallorca-Info" geht davon aus, dass "120.000 Menschen jedes Jahr zum Wandern nach Mallorca [kommen]".[14] Das sind 1,25 % aller auf Mallorca übernachtenden Urlauber. Wenn es gelingt, deren Anteil zu erhöhen, um so Hotels und Restaurants auch in ruhigen Monaten eine stabile Kundenbasis zu sichern, wird dies auch dazu beitragen, dass mehr umweltbewusste Reisende auf die Insel kommen.

3.2 Calvias LA21

Calvia im Südosten Mallorcas ist ein wichtiges Zentrum für den Tourismus. Der Ort selbst hat eine offizielle Einwohnerzahl von etwa 42.000, zu denen etwa 50.000 Bewohner eigener Ferienwohnungen oder Häusern hinzugezählt werden müssen. In den 1960er lag die Gesamtzahl der Einwohner bei 3.000, so dass Calvia in vierzig Jahren eine Steigerung der Einwohnerzahl um fast 3.000% hinnehmen musste. Rund um Calvia gab es im Jahr 2003 120.000 touristische Einheiten, in den 1960er Jahren waren es noch 6.800 gewesen, was einer Steigerung um fast 1.800 % entspricht.[15]

Fast 20 % der Besucher Mallorcas, 1,6 Millionen Touristen jährlich, verbringen heutzutage ihren Urlaub in und um Calvia, wo 95 % der Arbeitsplätze vom Tourismus abhängen. Ebenfalls im Jahr 2003 betrug das Einkommen, das aus dem Tourismus generiert werden konnte, 860 Millionen €, so dass das durchschnittliche Familieneinkommen über dem europäischen Mittel angesiedelt ist. Die Arbeitslosigkeit in Calvia lag hingegen unter dem europäischen Durchschnitt. Die Zahlen sind deswegen gut dokumentiert, weil Calvia als ein Musterbeispiel für die Entwicklung von nachhaltigem Tourismus und die damit verbundenen Probleme gelten sollte.[16]

---

[13] https://www.bmwi.de/BMWi/Redaktion/PDF/Publikationen/Studien/grundlagenuntersuchung-freizeit-und-urlaubsmarkt-wandern,property=pdf,bereich=bmwi,sprache=de,rwb=true.pdf

[14] http://www.mallorca-erleben.info/wandern.html

[15] Dodds, R. (2007). Sustainable tourism and policy implementation: Lessons from the case of Calviá, Spain. *Current Issues in Tourism, 10*(4), S. 300.

[16] Vgl. Dodds (2007), S. 299f.

2003 beschloss die Verwaltung Calvias eine lokale Agenda 21 (LA21), die den Ideen des Umweltgipfels von Rio 1992 und dem Fünften Umwelt-Aktionsprogramm "Für eine dauerhafte und umweltgerechte Entwicklung" der EU folgte. In diesem Rahmen wurden die dringendsten Umweltprobleme des Ortes dokumentiert. Grundlage waren Zahlen aus 1995, die in der untenstehenden Tabelle zusammengefasst sind.[17]

Wasser	Geringer Niederschlag (65 hm^3 / Jahr) bei hohem Wasserverbrauch (130 Liter pro Tag durch Einwohner und 160 Liter pro Tag durch Touristen)
	30 % des Wassers stammen aus Grundwasser, dem dadurch zu viel entnommen wird
Energie	2 % der verbrauchten Energie sind erneuerbar.
	Der Verbrauch betrug 6,47 kWh pro res / Tag und 2,14 kWh pro Touristen pro Übernachtung in einem Hotel.
Transport	1,4 Mio. Tonnen Kohlendioxid wurden ausgestoßen, 58 % davon wurden durch Touristen verursacht
	Auf der Insel fanden 70 Millionen Fahrten statt, 50 Millionen davon durch Touristen
	18 % der Fahrten geschehen per Bus, wobei die Einwohner einen geringeren Anteil haben als Touristen
Infrastruktur	Touristen verursachen ein Kilo Abfälle pro Tag, Einwohner 1,25 Kilo
	Urbanisierung und Schäden durch die Infrastruktur (Mülldeponien) schaden dem Boden
	Über 60% des Gebietes von Calvia leidet unter Bodenerosion
	57% des archäologischen Erbes hatten ein hohes Risiko der Verschlechterung.
Soziales	Mangel an einheimischen ausgebildeten Fachkräften (Mehrheit der Beschäftigten sind Kellner und Hausreiniger)
	Etablierung eines geringen Bildungsstandards
	Geringe soziale Integration der Einwanderer

Tab. 3:   Auswirkungen des Tourismus

Um die Situation zu verbessern, wurde eine Liste von Maßnahmen aufgestellt, deren Umsetzung als dringend erforderlich angesehen wurde. Folgendes wurde beschlossen:[18]

1. Belastungen durch Menschen und Wachstum beschränken; umfassende Wiederherstellung des Terrains.

2. Förderung des Zusammenlebens und der Lebensqualität der Bevölkerung.

---

[17] Siehe Dodds (2007), S. 301.

[18] Vgl. Dodds (2007), S. 305.

3. Erhaltung des Naturerbes, Schaffung einer touristischen Ökosteuer.

4. Erneuerung des historischen, kulturellen und natürlichen Erbes.

5. Renovierung der Wohn-und Tourismuszentren.

6. Nachhaltigkeit statt Wachstum fördern.

7. Verbesserung der öffentlichen Verkehrsmittel.

8. Einführung nachhaltigen Umwelt-Managements (Wasser, Energie und Abfallprodukte).

9. Investition in Forschung, um das Wirtschaftssystem zu beleben.

10. Die lokale Regierung verbessern und Investitionen fördern.

Obwohl alle diese Maßnahmen von allen Seiten begrüßt wurden und weiterhin als ein Muster für ähnliche Projekte angesehen werden können, konnten nicht alle Maßnahmen im vollen Umfang umgesetzt werden. Bei vielen Maßnahmen fehlte eine kurzfristige Rückmeldung eines Erfolgs, da die Umstellung auf Nachhaltigkeit langwierig ist und sehr lange dauern kann. Zudem müssen in dieser Zeit sehr viele Bereiche kontinuierlich zusammenarbeiten, was auch von Dodds (2007) herausgestellt wird: "Sustainable tourism requires close coordination between many other sectors – taxation, transportation, housing, social development, environmental conservation and protection and resource management. […] These other sectors need to be aware of each other and communicate their needs and concerns in order to move policy implementation objectives forward."[19]

Dem stehen jedoch viele gegenläufige Interessen und menschliche Eigenschaften gegenüber:[20]

- kurzfristige wirtschaftliche Gewinne sind wichtiger als ökologische Belange
- schlechte Planung (zu geringer Ansatz bereits vorhandener Schäden)
- mangelnde Einbindung aller Stakeholder
- keine Einbindung in einen regionalen bzw. nationalen Rahmen
- fehlende Rechenschaftspflicht der Politiker und fehlender politischer Wille
- unzureichende Koordination mit anderen Regierungsparteien

Dodds (2007) beschreibt damit eine Art Teufelskreis, in dem anfangs soziale, ökologische und ökonomische Werte im Gleichklang sind, bis die steigenden Einnahmen die Bedeutung der sozialen und ökologischen Anliegen in den Hintergrund rückt. Erst wenn diese Vernachlässigung wichtiger Werte merkbar werden, weil ihre Abwesenheit negativ auffällt,

---

[19] Dodds (2007), S. 316.

[20] Dodds (2007), S. 310.

kommt es dazu, dass Gegenmaßnahmen eingesetzt werden, die aber nur so lange gelten, bis die neuerlichen Gewinne wieder dem Kommerz die Oberhand geben.[21] Dies ist der Kreislauf, der durchbrochen werden muss, um nachhaltigen Tourismus zum Erfolg zu verhelfen.

3.3 Labeling

Ein weiterer Punkt, der im Rahmen dieser Arbeit geklärt werden muss, ist die Frage, ob nachhaltiger Tourismus auf Mallorca überhaupt möglich ist. Glaubt man den Schlagzeilen und stereotypen Formulierungen unterschiedlichster Medien, dann ist dies unmöglich. "Sanfter Tourismus kennt weder Autostaus, die sich gen Süden schieben, noch Flieger, die verspätet auf Mittelmeerinseln jetten", betitelt ein Vergleichsportal für nachhaltigen Einkauf einen Artikel.[22] Der Focus kommt reißerisch daher und setzt den Begriff vom "Klimakiller Tourismus" zu Beginn eines Artikels über nachhaltigen Tourimus.[23] Selbst "Die Zeit" schreckt vor Stereotypen nicht zurück: "Zwei Wochen auf Mallorca faulenzen, Sangria schlürfen und abends Mickie Krause hören: Diese Urlaubsvision hat für viele Deutsche an Attraktivität verloren", beginnt der Artikel mit dem vielsagenden Titel "Einmal Bio-Urlaub und zurück".[24]

Daher stellt sich die Frage, ob nachhaltiger Tourismus auf einer Insel möglich ist, die die meisten Touristen erst nach einer mehrstündigen Flugreise erreichen können. Nimmt man die Beschreibung des Bundesamts für Naturschutz als Maßstab, dann ist das unter dem Label des "Ökotourismus" nicht möglich: "Ziel [des Ökotourismus], insbesondere von wissenschaftlicher und NGO-Seite, ist ein 'Ökologisch verantwortlicher Tourismus'"[25] [sic!]. Es ist also ein Tourismus, der es ausschließt, mehrere hundert Tonnen CO_2 zu verbrauchen, nur um in das Urlaubsland zu kommen.

Der nachhaltige Tourismus unterliegt jedoch anderen Kriterien, wie es die Weltorganisation für Tourismus der UN sieht: "Nachhaltige Tourismusentwicklung befriedigt die heutigen Bedürfnisse der Touristen und Gastregionen, während sie die Zukunftschancen wahrt und erhöht. Sie soll zu einem Management aller Ressourcen führen, das wirtschaftliche, soziale

---

[21] Dodds (2007), S. 311.

[22] https://utopia.de/ratgeber/sanfter-tourismus-urlaub-reisen-tipps/

[23] Schneider, Corinna (2011), Klimakiller Tourismus: Wie Urlauber umweltschonend reisen. In: Focus. 06.12.2011. Online. <http://www.focus.de/reisen/oeko-tourismus/tid-24200/klimakiller-tourismus-wie-urlauber-umweltschonend-reisen_aid_684579.html>

[24] Lippitz, Ulf (2015), Einmal Bio-Urlaub und zurück. Die Zeit. 17. Juni 2015. Online. <http://www.zeit.de/reisen/2015-06/oekotourismus-nachhaltigkeit-reise>

[25] https://www.bfn.de/0323_iyeoeko.html

und ästhetische Erfordernisse erfüllen kann und gleichzeitig kulturelle Integrität, grundlegende ökologische Prozesse, die biologische Vielfalt und die Lebensgrundlagen erhält".[26]

Die Gastregion Mallorca wäre weiterhin von Armut und harten Lebensbedingungen gekennzeichnet, wenn es den Tourismus nicht gäbe. Daher muss das Label des nachhaltigen Tourismus dahingehend mit Leben gefüllt werden, dass es zeigt, wie Reisende dazu beitragen können, die Wirtschaft eines Landes – und damit seine Schönheit und Einzigartigkeit – zu erhalten, ohne dessen Ressourcen zu verschwenden.

4 Fazit

Diese Arbeit hat am Beispiel von Mallorca, der beliebtesten Destination für Massentourismus der Deutschen, gezeigt, wie schwierig es sein kann, das Konzept eines nachhaltigen Tourismus umzusetzen.

Das Beispiel von Calvia hat deutlich gemacht, dass Tourismus nicht nur eine erhebliche Belastung darstellen kann, sondern dass die Erträge aus dem Tourismus ausreichen, um weitere Aspekte wie z.B. den Schutz der Natur zu vernachlässigen. Es hat aber auch ebenso deutlich gemacht, dass einmal angerichteter Schaden nur langsam beseitigt werden kann, und dass die Umstellung auf einen nachhaltigen Tourismus Geld und Geduld gleichermaßen erfordert.

Die Touristen-Steuer, die von den balearischen Behörden 2016 eingeführt wurde, soll Mittel zur Umgestaltung der Insel in eine nachhaltige Destination zur Verfügung stellen. Solange dies sinnvoll geschieht und darauf abzielt weniger, aber wohlhabendere Touristen auf die Insel zu locken, kann dies ein vielversprechender Weg sein.

Vorher muss jedoch allen Touristen – und allen Verantwortlichen – klar sein, dass die Idee des nachhaltigen Tourismus den Erhalt der Landschaft, der Kultur und anderer Ressourcen des Gastlandes als primäres Ziel hat. In dieses Konzept passen keine weiteren Bauten, weder von Hotels, noch von Golfplätzen.

---

[26] https://www.bfn.de/0323_iye_nachhaltig.html

Literaturverzeichnis

1) Bundesministerium für Wirtschaft (2010). Grundlagenuntersuchung Freizeit- und Urlaubsmarkt Wandern. Online. <https://www.bmwi.de/BMWi/Redaktion/PDF/ Publikationen/Studien/grundlagenuntersuchung-freizeit-und-urlaubsmarkt-wandern,property=pdf,bereich=bmwi,sprache=de,rwb=true.pdf

2) Der Spiegel (2016), Touristensteuer ist in Kraft getreten. Online. <http://www.spiegel.de/reise/aktuell/mallorca-touristensteuer-ist-in-kraft-getreten-a-1100872.html> aufgerufen am 02. 12. 2016.

3) Dodds, R. (2007). Sustainable tourism and policy implementation: Lessons from the case of Calviá, Spain. *Current Issues in Tourism, 10*(4), 296-322.

4) Institut d'Estadística de les Illes Balears (2015A) Online. <https://www.caib.es/ibestat/estadistiques/043d7774-cd6c-4363-929a-703aaa0cb9e0/ ef88f7cf-8e0b-44e0-b897-85c2f85775ec/ca/I208002_3001.px> aufgerufen am 02. 12. 2016.

5) Institut d'Estadística de les Illes Balears (2015B) Online. <https://www.caib.es/ibestat/estadistiques/043d7774-cd6c-4363-929a-703aaa0cb9e0/6b221d3e-ffbc-4727-a0f9-78d0d700c46e/ca/I208002_3002.px;

6) Lippitz, Ulf (2015), Einmal Bio-Urlaub und zurück. Die Zeit. 17. Juni 2015. Online. <http://www.zeit.de/reisen/2015-06/oekotourismus-nachhaltigkeit-reise>

7) Planet Wissen (o. J.), Tourismus auf Mallorca. Online. >http://www.planet-wissen.de/kultur/suedeuropa/tourismus_auf_mallorca/index.html> aufgerufen am 02. 12. 2016.

8) Schneider, Corinna (2011), Klimakiller Tourismus: Wie Urlauber umweltschonend reisen. In: Focus. 06.12.2011. Online. <http://www.focus.de/reisen/oeko-tourismus/tid-24200/klimakiller-tourismus-wie-urlauber-umweltschonend-reisen_aid_684579.html>

i. http://www.illessostenibles.travel/sites/impostturisme/de/wer_wahlt_die_projekte_aus/, aufgerufen am 27.12.2016

ii. http://www.mallorca-erleben.info/wandern.html, aufgerufen am 28.12.2016

iii. http://www.mallorcazeitung.es/lokales/2016/06/20/touristensteuer-mallorca-zehn-fragen-zehn/43950.html, aufgerufen am 20.12.2016

iv. http://www.sueddeutsche.de/reise/mallorca-ueberfuellungsgefuehl-1.2569494;, aufgerufen am 20.12.2016

v. http://www.sustainableislands.travel/sites/impostturisme/de/kostentabelle_/, aufgerufen am 27.12.2016

vi. http://www.sustainableislands.travel/sites/impostturisme/de/nachhaltiger_tourismus_/, aufgerufen am 28.12.2016

vii. https://utopia.de/ratgeber/sanfter-tourismus-urlaub-reisen-tipps/, aufgerufen am 13.01.2017

viii.   https://www.bfn.de/0323_iye_nachhaltig.html, aufgerufen am 13.01.2017

  ix.   https://www.bfn.de/0323_iyeoeko.html, aufgerufen am 13.01.2017